黄芩规范化种植与加工实用技术100问

郑玉光　马东来　主编

中国健康传媒集团
中国医药科技出版社

内 容 提 要

为适应黄芩生产的发展，本书总结多年来黄芩生产经验的研究成果，并收集各地有关黄芩生产、研究方面的资料，较系统地介绍了黄芩高产稳产栽培的配套技术措施，并以问答形式编写，力求通俗易懂，实用操作性强，希望对广大黄芩种植户、种植合作社及基层技术推广人员有所帮助。

图书在版编目（CIP）数据

黄芩规范化种植与加工实用技术100问 / 郑玉光，马东来主编 . — 北京：中国医药科技出版社，2023.9

ISBN 978-7-5214-4132-1

Ⅰ . ①黄…　Ⅱ . ①郑…　②马…　Ⅲ . ①黄芩—栽培技术—问题解答　②黄芩—中草药加工—问题解答　Ⅳ . ① S567.23-44　② R282.71-44

中国国家版本馆 CIP 数据核字（2023）第 170944 号

美术编辑　陈君杞

版式设计　也　在

出版　**中国健康传媒集团** | 中国医药科技出版社

地址　北京市海淀区文慧园北路甲 22 号

邮编　100082

电话　发行：010-62227427　邮购：010-62236938

网址　www.cmstp.com

规格　850×1168 mm $^{1}/_{32}$

印张　$3\ ^{1}/_{4}$

字数　45 千字

版次　2023 年 9 月第 1 版

印次　2023 年 9 月第 1 次印刷

印刷　北京市密东印刷有限公司

经销　全国各地新华书店

书号　ISBN 978-7-5214-4132-1

定价　28.00 元

获取新书信息、投稿、为图书纠错，请扫码联系我们。

编委会

主　编　郑玉光　马东来

副主编　郑开颜　房慧勇　王　乾　谷　仙

段绪红　谢晓亮

编　者　（按姓氏笔画排序）

马东来　王　乾　刘天舒　吴　萌

谷　仙　宋永兴　张玉玲　郑开颜

郑玉光　房慧勇　赵云生　段绪红

程喜真　谢晓亮

前言

随着国家中医药政策文件连续发布，中医药发展已上升为国家战略，河北省省委、省政府把中药材产业作为全省重点发展特色产业之一，大力发展道地精准中药材产业，全面助推健康中国战略实施。

热河黄芩为主产于燕山背部（河北承德）的黄芩，历来以条粗长，质坚实，加工后外皮金黄、杂质少而著称于世，被誉为“热河黄芩”。《药物出产辨》云:“直隶、热河一带均有出”，明确指出黄芩道地产地在河北承德地区。随着黄芩在市场上的需求量越来越大，黄芩各类产品也在不断地增加，但野生的黄芩产量非常少，因此进行仿野生和人工栽培成为黄芩发展的重要趋势。

为了适应黄芩产业发展的需要，有必要充分利用我们中药材种植技术，帮助广大药农规范黄芩生产，推行黄芩生态种植，减少黄芩种植过程中出现的失误和不必要损失。为此，我们编写了《黄芩规范化种植与加工实用技术100问》，利用简单明了、通俗易懂的语言，将黄芩种植过程中可能遇到的常见问题以问答形式列举出来，方便广大药农查找及解决种植过程中的技术问题。本书中所述的黄芩品种为热河黄芩，但书中所涉及某些问题是来源于相关专家对黄芩的试验研究结果，因此其他黄芩品种在种植过程中也可以进行参考。

本书共分八个章节，第一章概述黄芩规范种植的重要性，第二章主要是黄芩的生物学、生态学特性相关问题，第三章主要是黄芩种子种苗繁殖与良种选育相关问题，第四章主要是黄芩种植土壤与种植方式相关问题，第五章主要是黄芩种植田间管理相关问题，第六章主要是黄芩采收及产后初加工相关问题，第七章主要是黄芩的包装、运输和贮藏相关问题，第八章主要是黄芩的质量管理相关问题。

本书具有极强的生产指导意义，适合广大黄芩种植户、种植合作社及基层技术推广人员阅读。由于黄芩种植无论在理论上还是在生产实践上都需要不断地进行研究和充实，一些技术措施也有待于进一步提高和完善，加上我们自身水平有限，不足和错误之处敬请广大读者朋友批评指正！

编者

2023年9月

目录

第一章 概述

1 热河黄芩的起源？

热河黄芩以河北承德及周边地区野生者为道地药材，根坚实、杂质少、色金黄、品质佳，有“热河黄芩”之称。历史上的热河省主要包括了现在的承德市、建昌县、宽城县、滦平县等。

在冰期时，河北平原西部的太行山脉阻挡来自西部的山地冰川，燕山山脉阻挡来自南部的冰川，黄芩道地产区（河北承德及周边地区）成为冰川时期黄芩植物的避难所。在冰期到来前，东北地区的黄芩向南迁徙到达承德地区，使得黄芩受到保护得以生存。在冰川消退和温度回升后，黄芩又逐渐向西北方向和东北方向迁徙。优越的环境条件使河北承德及周边地区的黄芩发生显著的遗传分化，进一步影响了药材的品质的变化，形成了黄芩的道地性。

2 黄芩的栽培历史有多久?

黄芩有2000多年的药用历史，黄芩始载于《神农本草经》，第一次以“黄芩，生山谷”对黄芩产区以及生境进行描述，历代对黄芩产地和道地产区都有一些记载。《名医别录》中记载“生姊归及冤句”，指的是今湖北秭归县和山东菏泽市一带。《新修本草》中“今出宜州、鄜州、径州者佳，兖州者大实亦好，名豚尾答也”，宜州为今湖北宜昌，鄜州为今陕西富县，径州为今甘肃泾县。《本草图经》云：“今川蜀河东陕西近郡皆有之。苗长尺余，茎干粗如箸，叶从地四面丛生，类紫草，高一尺许，亦有独茎者，叶细长，青色，两面相对，六月开紫花，根黄如知母粗细，长四、五寸，二月、八月采根，暴干”。《植物名实图考》称：“黄芩生秭归山，滇南亦有”。《本草纲目》载：“宿芩乃旧根，多中空，外黄内黑，即可谓片芩。子芩乃新根，多内实，即可谓条芩。或云西芩多中空而色黔，北芩多内实而深黄”。《证类本草》中两张附图记载黄芩的产地为潞州及耀州，潞州为今山西长治，耀州为今陕西耀州区。《药物出产辨》中“山西、直隶、热河一带均有出”，直隶为今河北中南部包括北京、天津等地，热河为今河北承德。综合各地的地方志，发现山东省、河南省和河北省从古本草到地方志均有很多黄芩的记载，种植历史悠久。

3 黄芩的分布情况如何？

黄芩主要产地有河北省承德、围场、隆化、赤城、张北、丰宁、平泉、兴隆等地，山西省汾阳、五台、左权、和顺、榆次、阳高等地，内蒙古自治区呼和浩特、扎兰屯、牙克石、扎鲁特、阿鲁科尔沁、巴林左、巴林右、林西、克什克腾、武川、凉城等地，辽宁省锦州、朝阳，陕西省乾县、凤翔等地，以及山东、吉林、黑龙江、河南新乡等地。

4 为什么要发展黄芩生产？

（1）临床用药需要

黄芩临床应用已有2000多年的历史，为临床清热燥湿、泻火解毒的要药之一。除作中医配方外，还大量用于中成药提取的原料。据1985年出版的第一部《全国中成药产品目录》统计的资料，黄芩作为原料被广泛应用于蜜丸、片剂以及水丸的中成药，如66种蜜丸中有45种用到了黄芩，64种片剂中有46种用到了黄芩，36种水丸中有25种用到了黄芩。

（2）药膳需求

黄芩花生米：花生仁500克，黄芩200克，冰糖250克，花生米去皮，上笼蒸烂，黄芩切片用碗装上，上笼蒸溶化；锅内放清水1000克，加入冰糖溶化，将花生米和黄芩汁一起倒入，烧开后撇去泡沫即可，对多种出血性病症有良好的止血功效。

黄芩猪肺汤：将洗净的猪肺放入沸水中去血水，切块备用，加入酒黄芩15克，苏子6克，生姜10克，并用纱布包好，与猪肺放入砂锅中炖煮，至熟烂后，加入调味料即可。

阿胶黄芩汤：用生糯米30克，开水泡后取汁，加青子芩15克、甜杏仁10克、陈阿胶15克、生桑白皮10克、生白芍5克、甘蔗梢25克、生甘草

4克、鲜车前草25克，煎之。具有肺燥肠热，上则喉痒干咳，咳甚则痰黏带血，血色鲜红，胸胁串痰。

黄芩泡酒：黄芩20克、冰片2克，使用时用棉签蘸药酒涂于口疮处，每日三四次。具有清热燥湿，凉血解毒止痛，治疗复发性口疮。

黄芩花茶：将黄芩6克用200毫升水煎沸后，冲泡绿茶3克5~10分钟即可，冲饮至味淡。也可直接冲泡饮用。具有清热燥湿，解毒的功效。

（3）农民增收需要

随着黄芩野生资源减少，而黄芩的需求量在逐年增加，价格也在增长，增加黄芩的种植面积满足黄芩市场需求，也是提高农民收入重要途径。

5 黄芩在工业上有什么用途？

（1）在医药上的应用

黄芩提取的黄芩素、黄芩苷等作为制药原料，用量也很大。现代药理证明其具有解热、抑菌、镇静、降压等药理作用，以黄芩苷为主要原料的双黄连针剂、片剂、口服液、银黄口服液等相继投产，并且相关产品在国内外市场销售呈供不应求之势。

（2）在化妆品和日用保健品中的应用

黄芩的提取物具有较好的抗菌作用，含黄芩提取物的化妆品有较好预防或治疗炎症性皮肤病和过敏性皮肤病的作用。另外，黄芩提取物配成各种花露水、脚气水、沐浴露等，对脚气、过敏性皮炎以及放射性皮炎、痤疮、湿疹等多种皮肤病有一定治疗作用。

黄芩提取物对紫外线有很强的吸收能力，且不会引起副作用，具有提取天然广谱防晒剂的价值。且黄芩具有分布广、价廉、易提取、有效成分含量高、用量少以及符合化妆品要求等特点，可作为化妆品的防腐剂和抗氧剂，目前市场上已出现了黄芩雪花膏、黄芩润肤膏、黄芩洁面膏、黄芩苷眼膏、银黄健肤露、黄芩防晒营养霜、黄芩维E防护乳膏等系列美容化妆品。

黄芩全效牙膏的研制可以使人们在日常生活中

方便地预防与治疗牙本质过敏。针织工业中作为天然植物染料对羊毛、真丝织物染色，黄芩苷是抗菌的有效成分，汉黄芩素有一定抗癌活性，将黄芩用于真丝染色，可以使织物具有抗菌和一定的保健功能，成为一种值得开发的绿色植物染料。黄芩粗提取物作为漱口液，可以抑制致臭菌，起到防治口臭的效果，黄芩根粗提取物稀释 30 倍可以完全防止草地真菌的侵染，可以作为杀菌剂使用。

6 黄芩近年的产销情况如何？

黄芩药材资源一直以野生为主，在 20 世纪 50 年代时，黄芩的最高年产量可达 600 万千克；从 70 年代，由于以黄芩为主要原料的中成药品种逐渐增多，到 90 年代，黄芩的年产量基本在 400 万～600 万千克。随着山区和草原野生资源的不断减少，偏远地区黄芩资源采挖受限，黄芩产量的增加受到了限制。近年来随着技术水平的提高，栽培或仿野生种植的面积已经达到 15 万亩，其产量随之增加，市场供求关系及价格发生了改变。

7 近年来黄芩的市场情况如何？

2016 年之前，黄芩的价格在较低位运行，当年黄芩上市新货产量少，库存被不断消化，处于低价的黄芩迎来历史转折点，行情慢慢复苏，呈现上涨的态势。2017 年，由于主产地气候干旱，降雨少，黄芩产量缩减，品质也不如往年，价格略微上涨，之后一直保持稳定运行。2019 年黄芩全年出量依然不大，价格在 38~42 元 / 千克波动，2020 年新冠肺炎疫情突然来袭，黄芩需求量增加，价格也逐步上涨，最高达 56 元 / 千克。故种植面积、产量和疫情等突发事件，均会对黄芩价格波动产生影响。

第二章

黄芩的生物学、生态学特性

8 黄芩的植物形态特征有哪些?

黄芩的根为圆锥形，扭曲，长 8~25 厘米，直径 1~3 厘米。表面棕黄色或深黄色，有稀疏的疣状细根痕，上部较粗糙，有扭曲的纵皱或不规则的网纹，下部有顺纹和细皱。质硬而脆，易折断，断面黄色，中间红棕色；老根中心枯朽状或中空，呈暗棕色或棕黑色。气微，味苦。黄芩植株高 30~120 厘米，茎为钝四棱形，具有细细的条纹，茎为绿色或绿色中带着少许紫色，叶子质地较薄并且很柔韧，类似纸张的样子，叶子形状为披针形或线状披针形，边缘有不明显的圆齿，叶子无毛或者带有少许的微柔毛，长 1.5~4.5 厘米，宽（0.3）0.5~1.2 厘米，叶子顶端为钝形，最下部分为圆形，叶子上面颜色为暗绿色，下面颜色较浅，花瓣为唇形花冠，上部花瓣为二唇形，下部花瓣联合形成筒状结构，一朵花具有五枚花瓣，花瓣颜色为紫色或者蓝紫色，长2.3~3厘米，果实黑褐色，类似球形，果皮很坚硬并且不易与种皮分离，果实高约1.5毫米，直径大约1毫米。

9 黄芩主要有哪几个种类？

（1）正品黄芩，《中国药典》上记载的黄芩品种。

（2）粘毛黄芩，又名黄花黄芩，形态与正品黄芩相似，植株较矮，高10~27厘米，花为淡黄色。

（3）滇黄芩，又名西南黄芩，植株矮小，茎直立，叶子为长椭圆形，叶子长大约3.5厘米，宽大约1.2厘米。

（4）甘肃黄芩，叶子较宽，为三角形，有非常明显的叶柄。

（5）丽江黄芩，茎高达20~30厘米，花片为黄白色、黄色或黄绿色，花片常带有紫斑。

（6）薄叶黄芩，叶子较薄，没有散生的短毛，植株小。

10 黄芩的生物学特性如何？

黄芩为多年生草本植物，从开花到成熟大约需要50天，主根非常粗壮，呈圆锥形，外表棕褐色，折断面最初为鲜黄色，然后逐渐变为黄绿色，成熟后的黄芩植株一年后茎数成倍生长，根也变得粗壮，第四年根部开始变得腐朽，成中空的样子，黄芩的茎是四棱形的，4~5月茎叶生长迅速，茎的最底部大多有分支，叶子为对生，在茎枝的每一节上相对生长着两片叶子，叶子有短小的叶柄，7~8月开花，开放时间为1~3天，花排列紧密，直立生长，偏生在花序的一边，花最外层的萼片为蓝紫色，8~10月结果，果实呈球形，黑褐色，果实外面没有毛，果皮与种皮不易分离，每个果实只有一粒种子，种子为椭圆形，表面是淡棕色，黄芩的种子小，发芽率较低，一般发芽率在60%~80%，并且寿命较长，可保存很长时间，黄芩出苗后3个月开始现蕾，现蕾后10天左右开花，40天左右果实成熟，种子发芽适宜温度在20℃左右，高于或者低于20℃时发芽率会降低。

11 黄芩的生态习性如何?

黄芩植株适应性较强，在我国几乎每个省区都有分布，喜欢温暖凉爽，半干旱、半湿润的环境，生长地区年太阳总辐射量501.6kJ/cm² 最为适宜，年平均气温4~8℃，降水量在33.2~892.7毫米较为适宜，耐寒、耐高温，黄芩植株冬季在–30℃低温下也可以正常生长，夏季在35℃高温下也可以正常生长，耐旱怕涝，怕积水，黄芩在出苗期喜欢水肥，早春时怕干旱，地内积水或者雨水过多会导致黄芩生长不良，更严重的会导致黄芩的根腐烂或者死亡，所以在排水不好的地块中不适宜种植。适宜生长在阳光充足、土层深厚的土壤中，在中性和微碱性土壤或者砂质土壤中都可以正常生长。黄芩忌连作，在同一块土地中不可以连续种植，这样会降低产量。

黄芩生长土壤条件主要以砂土、砂壤土为主，砂土或者砂壤土土质比较疏松，有利于黄芩的根的生长。阳光充足的地方黄芩生长的数量较多，阳光不充足的地方黄芩数量较少，但黄芩对强光和弱光都可以有效的利用，黄芩耐旱而不耐涝，适量的灌溉可以提高产量，过量的水分会使黄芩根部腐烂，导致死亡。栽培黄芩种植在年降水量 321~450 毫米，黄芩生长季节降水量 250~350 毫米区域，黄芩生长发育比较协调，产量高，大陆性季风气候或者半湿润气候都为黄芩的生长发育提供了良好的气候条件，半干旱的环境比较适合黄芩的生长，还能提高黄芩的品质。

12 什么是黄芩的营养生长与生殖生长？

黄芩的营养生长是指黄芩的根、茎、叶等营养器官的生长过程，生殖生长是指花、果实、种子等营养器官的生长过程。营养器官是植物生长、发育的器官，主要与植物营养物质的吸收、制造、运输、储藏和供给有关，生殖器官主要与植株繁衍后代有关，当营养生长进行到一定程度时就开始进行生殖生长，黄芩的营养生长和生殖生长具有紧密的相关性，营养生长是生殖生长的基础，黄芩植株若营养生长不良，则植株会矮小瘦弱，叶小色淡，果实小，黄芩产量低，品质差，只有营养生长和生殖生长共同发育良好时，黄芩产量才会提高，品质同时得到提高。

13 黄芩开花结实习性如何？

黄芩为无限花序，种子梯次成熟，而且成熟期长。圆锥花序顶生，每花序着生 4~30 朵小花，花萼二唇形，紫红色。黄芩花期有两个高峰，前期开花数明显大于后期。进入花期花枝渐多、每个花枝从下到上小花依次出现，陆续开放几天后花瓣连带雄蕊柱头一起脱落，子房发育成果实。花后一月左后时间种子进入成熟期。

黄芩小花开放时间（花瓣开裂至脱落）基本在 1~3 天，大部分小花持续约 2 天。小花开放期间均可接受外来花粉。黄芩花序开放时间（花序的第一朵小花开放至全部小花开放完）基本持续 3~8 天，大部分为 5 天左右。

14 黄芩种子萌发特性怎样？

黄芩种子发芽率低，一般为 60%~80%，地温 15~20℃，在湿度合适的条件下，10 天左右就可出苗，3~5 天即可出齐。全光照条件下黄芩种子的适宜发芽温度为 15~25℃，20℃时种子的发芽率最高，为光照条件下的最适宜发芽温度；全黑暗处理黄芩种子时，25℃为其适宜的发芽温度；综合发芽势等指标，25℃是黄芩的最适发芽温度。

黄芩种子萌发对光照的要求较低，黄芩种子为光不敏感性。但不同光照条件下黄芩种子的发芽率一般要高于黑暗条件下的发芽率。其原因可能是——有光照的条件下，黄芩种子萌发后，叶能快速进行光合作用，提供营养，供黄芩幼苗生长。最佳发芽条件为 20℃下光照培养；在 20℃以下，全黑暗处理黄芩种子萌芽率高于光暗结合处理；在高于 20℃条件下，光照可明显提高种子发芽率。只有在生产中综合考虑外界的温度和光照条件，才能有效提高黄芩种子的发芽和正常生长发育。

15 黄芩根系生长特性如何？

黄芩为直根系，主根在前三年生长正常，其根长、根粗及单根鲜重是随生长年限的增加而增加。

而到第四年，部分主根开始枯心，以后逐年加重。

影响根长的时间段主要为 6 月中旬到 8 月中旬，此阶段是黄芩的扎根阶段。所以建议药农在此阶段，可喷施能促使黄芩根部生长的营养物质；另外，还可适当疏松土壤。地上部分增重主要在 7 月中旬到 8 月中旬之间，为黄芩营养生长的鼎盛时期。综合考虑地上部分生长和地下部分生长的规律，要在 7 月中旬到 8 月中旬之间加以追肥可有效提高黄芩产量。磷酸二铵可以促进黄芩的根长、根粗、株高和根干重的增加，但施氮肥过多则会引起地上茎叶部分徒长，消耗大量营养，反而使得干物质向根部运输的比例减小。黄芩是以根为入药部位，因此要注意有机肥和化肥的施用量，避免肥料施用过多，反而达不到获得高效益的目的。

16 热河黄芩的栽培区划如何？

热河黄芩是产于我国北方地区的传统野生中药材，是河北省的主要道地药材之一，主要分布在河北承德、张家口、保定、石家庄的某些县市。具体有承德、围场、丰宁、赤城、隆化、阜平、抚宁、青龙、涞源、平山、崇礼、沽源、张北、易县、平泉、尚义、阳原、怀安、蔚县等。

17 黄芩对土地条件有什么要求？

黄芩主根入土较深，宜选择地势高燥、土壤深厚、排水良好的壤土种植。种植前深翻土壤30厘米以上，结合耕翻，每亩施入腐熟厩肥或堆肥2500千克、过磷酸钙50千克，翻入土中作基肥，整平耪细后作宽1.3米的高畦，畦沟宽40厘米，四周开好排水沟。选疏松、肥沃、土层深厚、排水良好的砂质壤土或壤土，施足底肥，农家肥（如鸡粪、饼肥）应先发酵腐熟后施入，并每亩施50~100千克磷肥和30千克二铵。深耕土地30厘米，整平作畦（畦的大小因地制宜，便于浇水、排水即可），先向畦灌水，待水渗后，表土稍松散后整平耙细即可播种。

18 黄芩对气候条件有什么要求？

黄芩喜温暖凉爽气候，耐寒、耐旱、耐瘠薄，适宜生长在阳光充足、土层深厚、肥沃的中性和微碱性壤土或砂质壤土环境。适宜黄芩生长的气候条件：海拔为 600~1500 米，年太阳总辐射量在 460~565 千焦 / 平方厘米，以 501.6 千焦 / 平方厘米最佳；年平均温度 -4~8℃，最适年平均温度为 2~4℃，成年植株的地下部在 -35℃低温下仍能安全越冬。35℃高温不致枯死，但不能经受 40℃以上连续高温天气；年降水量在 400~600 毫米，生长期达到高峰。

19 如何理解生态因子与人为因子对黄芩植株的共同作用?

人为因子和生态因子相互协调，相互影响，共同作用于黄芩植株的栽培，直接影响着黄芩的产量和品质，在不同的生态环境中种植黄芩需要使用不同的栽培措施，目前繁育黄芩的方法有多种，常采用种子、扦插、分株繁殖的方法，在黄芩的种子繁殖育苗时，由于黄芩种子细小，顶土能力较差，生长中土壤干旱或者土壤表面不平等因素会造成出苗不全，如果选用的栽培措施恰当，就会减小或者消除这些生态因素对种子出苗的影响，大大提高种子的出苗率，从而有效的繁育出优良的植株。人为因子和生态因子对黄芩植株的共同作用提高了黄芩的产量和品质。

第三章

黄芩的种质与繁殖材料选择

20 什么是道地药材?

道地药材是临床优选、具有明显地域性、品种优良、产量宏丰、疗效显著的中药材。道地药材是一个约定俗成的古代药物标准化概念，同时也是传统的中医中药学中控制中药材质量的一项独特的综合判别标准。道地药材与一般中药材的最主要区别在于道地药材的品质明显优于其他产区的同类药材。

21 采购中药材种子应该注意哪些问题?

一看“三证”: 看经营单位是否具有“三证”，即种子管理部门颁发的“种子生产许可证”“种子经营许可证”和“种子质量合格证”资质证明材料。

二看“纯度”: 要购买纯度高、没有混杂或很少混杂其他品种的种子。

三看**"发芽率"**：要购买发芽率高的种子。

22 常用的中药材良种选育的方法有哪些？

常用的中药材良种选育的方法有以下 3 种。

选择育种：从现有品种或者天然群体中选择优异的种质资源变异个体，使其繁殖后代来培育新品种。该方法具有简便易行、快速、有效等优点，是农业生产育种最常用的方法。

杂交育种：是将父、母两个亲本，通过有性繁殖或者营养体结合，形成不同的遗传多样性，再通过对杂交后代的筛选，获得具有父、母本优良性状，且不带有父、母本中不良性状新品种的育种方法。

人工诱变育种：是人为地利用物理诱变因素（如 x 射线、γ 射线、β 射线、中子、激光、电子束、紫外线等）和化学诱变剂（如烷化剂、叠氮化物、碱基类似物等）诱发药用植物遗传变异，在较短时间内获得有价值的突变体，根据育种目标要求，选育成新品种直接生产，或育成新种质作为亲本再次育种的方法。该方法属于现代育种技术，在提高中药材育种效率和增产提质方面有巨大潜力。

此外，还有染色体倍性育种、体细胞杂交育种等。

23 如何选择适宜种植的黄芩品种？

目前国内中药材商品流通品种较为复杂，主要品种有黄芩、粘毛黄芩、滇黄芩、甘肃黄芩、丽江黄芩、川黄芩等。

黄芩：《中国药典》（2020 年版）收载黄芩品种以唇形科植物黄芩的干燥根为法定品种，主要分布在甘肃、内蒙古、吉林、山西等省份。

粘毛黄芩：又名黄花黄芩。形态与黄芩相似，植株较矮，高仅 10~27 厘米。花淡黄色，花冠密被腺毛及柔毛，小坚果被长柔毛。生砂砾地、荒地或草坡。主要分布在内蒙古、山西、河北等地。

滇黄芩：又名西南黄芩。植株矮小，高 10~25 厘米。茎直立，每节间密被两纵列白色柔毛及腺毛。叶片长椭圆形或广披针形，长达 3.5 厘米，宽约 1.2 厘米，全缘或稍具疏齿，两面疏被微柔毛，无柄。总状花序顶生，花冠蓝紫色，外面密被柔毛及腺毛。小坚果椭圆形，棕褐色，被柔毛。生于山区林边或疏林间，主要分布在四川、云南等地。

甘肃黄芩：形态与滇黄芩相近，但叶较宽，呈卵状三角形，叶缘有不等的锯齿，叶柄明显。多生于石山地，向阳草坡上，主要分布在甘肃、陕西及山西。

丽江黄芩：茎高 20~36 厘米，叶近无柄，椭圆状卵形或椭圆形。花冠黄白色、黄色至黄绿色，常带紫斑。生灌丛、草坡或松林下，主要分布在云南西北部。

川黄芩：又名连翘叶黄芩，茎高 10~30 厘米，叶片大多为卵形。花冠白色、绿白色、紫色。小坚果卵球形，具瘤。生于草坡、高山或林缘地带，多分布在四川西部。

24 如何选择黄芩播种时间？

黄芩的播种时间在春、夏、秋季均可，多于春季播种。一般在土壤水分充足或有灌溉条件的情况下，以 5 厘米地温稳定在 15℃时播种为宜。

对于春季土壤水分不足，又无灌溉条件的旱地，早春多采用地膜覆盖技术。无水浇条件的山坡旱地、幼龄果树行间，可在雨季播种，或初秋于大豆和玉米行间套种黄芩，出苗快，易保苗，能充分利用土地和生长季节，节省除草用工，缩短生产年限，提高黄芩产量和种植效益。

25 黄芩新品种培育的目标是什么？

随着黄芩市场需求量连年增长，黄芩生产必须规范化、标准化、现代化种植，这客观上要求生产用种必须优质、优良。但黄芩实际生产中存在不少问题，如品种混乱、种质退化、抗病虫害等抗性降低，产量下降，药材质量参差不齐，种子使用缺乏科学指导等问题十分普遍，直接影响了药材及其相关产品质量与临床疗效。

因此，黄芩品质培育的目标是通过杂交育种，使培育的新品种株型紧凑、抗白粉病、褐斑病等病虫害，主根粗长，单株产量和总产量均高于当地的优良品种，且黄芩苷含量在 9% 以上。

26 引种黄芩新品种时，应注意什么问题？

引种黄芩新品种时，首先要考虑环境因素，引种地点与黄芩适宜生长的气候、土壤、温度、湿度、光能等环境相适宜，保证黄芩的成活率；其次引进与之配套的种植技术，新品种在对外环境的适应性、生育期、抗病性等方面都与老品种有很大的差别，因此需要采取相应的种植技术，做到良种配良法，高效栽培；最后应到正规种子种苗销售经营部门购买种子，以便保障种子质量。

27 黄芩常用的繁殖方式有哪些？

（1）种子繁殖

一般多于 3~4 月采用条播或直播的方法。播前催芽，于播种前按每亩 1.5~2 千克种子的播种量，用 40~50℃的温水浸泡 5~6 小时，捞出置于 20~30℃的条件下保温、保湿、催芽，待大部分种子裂口时即可播种。播种时按行距 40 厘米开浅沟播种，覆土 3~4 厘米，稍加镇压，喷水。一般播后 10~15 天即可出苗。

（2）扦插繁殖

选择成年植株，在开花前，剪下部分枝条，截成有 2~3 个节的小段，可用生根粉处理 2 小时，然后扦插于大田，立即浇水。也可分根繁殖，春季收获时，将收获的新鲜黄芩，剪掉下部 2/3 的根晒干入药，上部有芽的根茎，按其自然分杈，分成 3~4 小株，亦可用生根粉处理 2 小时，按种子繁殖的株行距栽于大田，当年就可收获。

（3）分根繁殖

当黄芩根茎尚未萌发新芽之前，挖出 3 年生黄芩的全株，切取主根留供药用，选择无病虫害及比较完整的根茎，根据根茎自然形状用刀劈开，然后按轻重、大小分别浸入不同浓度的生根粉溶液中浸泡 2 小时。浸泡处理后，按 30 厘米 ×21 厘米的行株距栽种。

28 如何确定黄芩采种时间及种子仓储？

黄芩种子采收时间比较短。在花后 24 天黄芩种子就具有较高的生活力，并且种子生活力随着种子的进一步成熟在花后 30 天达到最高。在花后 33 天，黄芩种子存在明显的脱落现象。因此，宜在黄芩开花数达到最大值之后 24~30 天采收种子，随熟随采。种子需干燥保存，播种前可进行催芽处理。仓储时应注意以下问题。

（1）严格控制种子的含水量

一般的种子含水量不能超出 13%。若是遇到天气较差，不能对种子进行晾晒，在贮藏入库以后，要确保仓库的通风性良好，避免种子堆放过厚，有效地降低种子的温度，及时将湿气排放出去。

（2）确保防潮防虫落实到位

在进行种子贮藏的过程中，选用的地点应当尽可能在背风向阳的干燥位置。当种子贮藏至仓库中，不可以直接将种子放置于地面，应当将一些盛放种子的容器或者袋子垫高 50 厘米左右，这样更加便于种子有效通风。如果种子在露天的位置进行贮藏，则应当尤为重视底部的防潮工作，在底部以及顶部均应当覆盖遮盖物，防止种子被雨水淋湿。还需注意仓储空间的密闭性，有效防止仓储害虫的侵害。

（3）有序仓储，防止种子混杂

不能把不同的种子进行混合贮藏，要尽可能地保证种子单独贮藏。在特殊情况下，不同的种子要贮藏在同一个仓库之中，应当确保种子的名称、含水量以及入库时间等相关信息全部进行标记。对于仓库之中的种子，依照不同的种类进行分区域贮藏，设置明显的区域界限，避免发生种子混杂的问题。

（4）应注意贮藏空间的通风

在种子放至贮藏空间以后，不管是要长期对种子进行贮藏，还是仅贮藏较短时间，均应当加强通风管理工作。若是种子采用袋装形式，则要将袋装种子排列成为“非”字或者“半”字进行堆放，种子堆放的方向应当和门窗的走向相互平行，这样更加有利于通风散热。

29 黄芩种子质量的主要检测指标有哪些？

种子的形状、千粒重大小、水分含量、种子内混杂物、种子活力、发芽势、发芽率、健康度、纯度、净度等。

30 黄芩种子等级如何划分？

以发芽率和生活力作为主要指标，以百粒重（千粒重）和净度作为参考指标，将黄芩种子质量等级划分为 3 个等级。

31 中药材引种栽培的原则是什么？

中药材引种栽培的原则：①要面向市场，按市场需求安排中药材的生产与引种栽培计划；②要因地制宜，充分考虑地方的环境、土壤、气候、水文等自然资源，在“道地药材”理论的指导下，引种栽培适合的中药材种类或品种；③要充分考虑自身的生产条件与技术水平，切不可盲目引种。

32 黄芩生产中如何合理轮作?

黄芩栽培常年连作，会造成根腐病、根结线虫病等病虫害加重，影响黄芩的产量和品质，因此，合理轮作是解决问题的有效方法之一。

目前黄芩轮作主要采用以下模式：①远志与黄芩短期轮作，适宜土层深厚的砂质壤土；②小麦、玉米等农作物与黄芩长期轮作，此种方式既能合理安排茬口，又提高了经济效益，特别适宜山区、丘陵地区种植。

33 黄芩与果树的间种模式有哪些?

果药间作实现了果树在幼龄期，土地资源和空间上的有效和最大化利用；但由于果树–药材间存在着对阳光、水分、养分等的激烈竞争，因此必须采用科学合理的栽培技术，使果树与黄芩共同良性生长。以实现一地多产、多收，提高经济效益的目标。

34 生产上黄芩可套种的植物种类有哪些？

套种是在植物生长后期，在株、行间播种或栽植后作为的种植方式，比如黄芩可与万寿果、芝麻等套种，该方法可以充分利用不同作物生长期不同的规律，在不同时期将不同作物种植到同一地块上，构成了生态农业新的发展模式，实现套种植物与黄芩的双丰收。

35 为什么说果药间种是发展黄芩的有效栽培方式？

果树间种黄芩可以节约土地，减少虫害对黄芩的影响，并且对根腐病等病症有较好的缓解作用。①果药间作适用于幼果树，盛果期果树的树荫较大，立体空间变小，树干交接时不再适合间作；②两者配置比例适当，坚持果树为主，以不影响果树生长为前提，一般与果树保持50厘米以上；③加强田间管理，互促互利，控制矛盾，可以确保双丰收；④降低了田间病虫害的发生。

36 重茬种植黄芩的长势如何？

在黄芩的人工种植过程中，虽然对土壤要求不甚严格，但在同一块土壤中连续栽培两年及两年以上时，会出现生长势减弱、产量降低、品质下降、病虫害严重等连作障碍的现象，即黄芩存在连作障碍，无法在同一地块上连续栽培多次。引起黄芩连作障碍的原因是复杂的，其发生的因素不是单一或孤立的，而是相互关联又相互影响的，是植物－土壤系统内多种因素综合作用的结果，其中包括黄芩的化感自毒、土传病原真菌侵染等作用。

37 影响黄芩种子萌发的环境因子有哪些？

水分：种子萌发过程中，营养物质的转运及细胞分裂都需要水分，不同植物种子萌发时的需水量不同，生产中应满足种子萌发对水的需求，可进行播前浸种。

空气：种子吸收充足的水分后，只要氧气充分，种子内含物就能够通过呼吸作用产生中间产物和能量，满足的萌发所需。

温度：适宜的温度是种子进行正常生命活动的必要条件，温度过高或过低，种子均不能正常萌发。

光照：有些植物的种子在无光条件下不能萌发，此类种子称为需光种子；有些植物的种子在无光条件可以萌发，但在有光时萌发得更好；而某些种子萌发时会受光照抑制，此类种子称为嫌光种子。黄芩种子萌发时，要避免强光直射。

38 中药材生产中常用的野生抚育模式有哪些？

主要有封禁、轮采、人工管理、人工补种、仿野生栽培等。在实际生产中，因中药材种类、中药材所处的环境及技术研究状况不同，可以采用其中的一种或多种方式。

第四章

黄芩的选地、整地与播种

39 如何进行黄芩栽培基地的规划和选择？

栽培基地周围应远离工业污染源和城镇、农村居民点。具有黄芩生长发育的适宜气候条件和天然植被群落，有集中连片的土地资源和相对独立、封闭的立地条件。同时基地规划的环境应符合国家现行标准，如空气符合《环境空气质量标准》二类区要求，土壤符合《土壤环境质量标准》的二级标准，农田灌溉水符合《农田灌溉水质标准》，产地初加工用水和药用动物饮用水符合《生活饮用水卫生标准》等。

40 黄芩GAP药材生产基地环境有什么要求？

野生黄芩既能在土层较厚、石砾较少、有

机质含量高的土壤上生长，也在土壤发育程度较差、土壤土层较薄、石砾较多、有机质含量低的石缝石壁中生长，分布区多为中性土或略碱性的土壤。

野生黄芩多生长在山野阳坡、山顶草地、路旁等向阳较干燥的地方，喜阳、耐寒、耐旱，在干旱及干燥的土壤上亦生长良好。其分布范围对光照条件无苛刻要求，阴坡、灌丛、林下等光照不充足的地方均可发现野生黄芩，尤其向阳的偏坡和通风透光条件较好的东西向草坡或草甸上黄芩分布较多，呈零星片状分布。土壤质地条件以壤土、砂壤土为主，其结构疏松、热量条件良好，有利于黄芩根部的生长。

人工栽培地应选择向阳、排水良好的壤土或砂壤土为宜。低湿地、黏性大的土壤不宜种植。土壤中各种重金属含量均不得超标。

41 无公害栽培的特点是什么?

无公害栽培主要是在中药材种植期间，应按照无公害栽培要求进行合理种植，应减少农药的使用，采用对周围环境无害的种植技术和病虫害防治技术。

无公害化的中药种植技术以及病虫害防治主要有以下特点：①选择低毒低残留农药：要求在种植过程中尽量减少农药对周围环境的影响；②推广使用无公害肥料：传统种植过程施肥对土质、环境等都有较大的影响；目前大多已选用无公害的增效剂；③推广生物工程技术：推广使用生物工程技术进行无公害病虫害防治，避免使用传统农药，如菊酯类农药。

总的来说，中草药种植技术以及病虫害防治的无公害技术主要是减少甚至是不使用具有高残留的农药，研发推广使用新型的无公害农药以及化肥，并利用生物工程技术的发展，针对中草药主要虫害发生规律研制无害的病虫害防治技术。

42 黄芩种植的选地与整地环节，应注意哪些事项？

黄芩喜温暖，耐严寒，成年植株地下部分在 −35℃低温下仍能安全越冬，35℃高温不致枯死，但不能经受 40℃以上连续高温天气。耐旱怕涝，地内积水则引起生长不良，重者烂根，故排水不良的土地不宜种植；建议以土层深厚、灌排水良好、疏松肥沃、含有一定腐殖质层的中性、微碱性壤土和砂质壤土为好，忌连作。

平地、缓坡地、山坡梯田均可种植。选择温暖、阳光充足的地方做畦，畦面宽120~130厘米，畦埂宽50~60厘米，长度视具体情况及实际需要而定，一般以10米左右为宜。

43 黄芩种子播前有哪些处理方法?

（1）播前晒种2~3天，使种子充分完成后熟，便于萌芽。

（2）也可进行机械挫伤，划伤种皮，以促进种子发芽。

（3）温汤浸种：将种子放在40~45℃水中浸种5~6小时，捞出后放在20~25℃条件下保湿，每天用清水淋洗2次，待大部分种子萌芽时即可播种。

（4）药剂拌种：用高效低毒的70%吡虫啉悬浮种衣剂，加上6%立克秀悬浮种衣剂或者其他具有杀虫杀菌效果的种衣剂（药剂），进行种子包衣，可提高抗病虫害能力，达到壮苗目的。

（5）室温下自来水浸泡12~24小时，捞出稍晾，置于20℃左右温度下保湿催芽，待大部分种子裂口时即可播种。

44 植物的年生长规律是什么？

植物的生长发育是一个极其复杂的过程，它在各种物质代谢的基础上，表现为种子发芽、生根、长叶、植物体长大成熟、开花、结果，最后衰老、死亡。

通常认为，生长是植物体积的增大，它主要是通过细胞分裂和伸长来完成的；而发育则贯穿在整个生活史中，植物体的构造和功能从简单到复杂的变化过程，具体表现为细胞、组织和器官的分化。

45 不同种植密度对黄芩生长有何影响？

黄芩地上部的茎叶与根部在生长发育过程中存在互相竞争又互相依赖，生长茂盛的茎叶有利于光合产物的合成、贮存及向根部的转运。不同种植密度直接影响黄芩地上部干物质积累；如相同时间段内，黄芩的不同种植密度对单株黄芩根重量的影响:（株距20厘米）>（株距16厘米）>（株距12厘米）>（株距10厘米）>（株距5厘米）。

46 植株调整有哪些内容和益处?

植株调整内容包括：摘心、打杈、摘蕾、摘叶、整枝压蔓、疏花疏果和修根。

进行植株调整具有以下好处：平衡营养器官和果实的生长；抑制非收获器官的生长，增大产品器官的个体体积并提高品质；调节植物体自身结构，便于通风透光，提高光能利用率；可适当增加单位面积内的株数，提高单位面积产量；减少病虫害和机械损伤。

47 种植密度与黄芩质量的关系?

一年生黄芩的收获产量与栽植密度没有直接关系。

药材产量：中等较低密度显著高于中等较高密度，极显著高于其他处理，低密度种植药材产量最低，但低密度种植下药材的根粗、单根鲜重、单根干重和干鲜比均比高密度种植要高，而且根粗、单根鲜重和单根干重也要高于高密度。当种植密度增加到一定程度有利于提高药材产量，但不利于提高籽粒产量；低密度既有利于提高籽粒产量，又有利于提高药材的商品规格，但不利于药材产量的提高。

48 土壤中无机元素对黄芩生长的影响？

土壤中无机元素含量对药材品质的影响较大，通过影响土壤中无机元素的各种赋存形态，对药材中无机元素含量产生影响。而药材中无机元素不仅影响植物的根系营养及生理代谢活动，促进植物的生长发育，而且还是有效成分的构成因子，会对植物化学成分的形成和积累产生影响。研究显示，黄芩对土壤中的磷、锌、硒元素有一定的富集作用，且对黄芩迁移能力显著大于其他元素，同时黄芩药材中黄芩苷含量间接与土壤无机元素呈相关性趋势。

49 土壤重金属对黄芩药材品质的影响？

重金属污染不仅导致土壤的物理、化学性质发生改变，影响植物如药用植物的产量和品质，更为重要的是通过食物链迁移转化，危害人体健康。作为固着生长的基础，植物只能从土壤中吸收生长发育所需的营养物质，同时也将存在于污染土壤中的重金属吸收进植株，产生毒害。以植物类中药材为例，植物的根部和表皮污染程度最重，果实污染程度最轻，很大一部分原因是植物的根部和表皮与土壤直接接触，很容易吸收土壤中的重金属。

50 如何进行黄芩的中耕管理？

中耕是在植株生育期间对土壤进行疏松，可以减少地表蒸发，改善土壤的通气性及透水性，为大量吸收降水及加强土壤微生物活动创造良好条件，还能促进土壤有机质分解，增加土壤肥力。此外，中耕还能清除杂草，减少病虫害。因此中耕对于植物来说意义重大。

51 黄芩生长发育必需的营养元素有哪些？

黄芩在生长发育过程中需要多种营养元素，如所需大量元素为氮、磷、钾、镁；中量元素有镁、钙、硫；微量元素为硼、锌、钼、锰、铁，合理施肥可以为黄芩提供其必需的营养，有利于根部和种子的发育，提高产量。

52 夏季降雨集中，黄芩应如何进行田间管理？

排涝：对未成熟的中药材，大雨间隙要迅速疏通沟渠，尽快排涝去渍，使地表水、浅层水、地下水能及时迅速排出，降低农田地下水位，以利根系生长。

加强田间管理：对受暴雨冲击、受淹的中药材，如有泥沙、漂浮杂物附着植株，要利用退水清洗植株，以减少植株压伤和苗叶腐烂，及时摘除枯死黄叶、病叶、病果。洪水排退后要及时扶正植株，让其恢复生长，并及时补施肥料，促进植株新根的发育和新叶的生长。适时开展中耕松土培土，增加土壤通透性，使留地中药材尽快恢复生长。

防枯萎：较长时间积水受淹的中药材根系已出现霉烂损伤，当雨后转晴，易造成枯萎死亡。因此，雨后天晴有条件的应注意适当遮阴，减少枯萎死亡。

预防病害：雨天高湿和雨后高温，容易造成病害流行，如根腐病、枯萎病、霜霉病、灰霉病等，转晴后要有针对性地进行防治。

53 冬季越冬前，黄芩应如何管理？

培土：结合中耕、清沟进行培土，使植株根系扎根深度增加，避免或减少低温冻害对根系造成影响。在培土过程中切记勿损伤根系。

施足底肥：在土壤封冻前要施足越冬底肥，通常可结合培土进行，以有机肥、农家肥为主，增施磷钾肥。可参考每亩施底肥，腐熟农家肥2000千克、复合肥或磷肥30千克，在行间开沟深施有利于来年中药材生长，提高产量。

第五章

黄芩的土肥水管理

54 中药材施肥原则？

中药材种类不同、药用部位不同，吸收营养的种类、数量和配比等也不同，如一年生或二年生全草类中药材，苗期应多施氮肥，促进茎叶生长；种子果实类中药材多施磷、钾肥；多年生及根和地下茎类中药材，整地时要施足有机肥。

中药材生长期一般需追 3 次肥，第一次在春季萌发后，第二次在花芽分化期，第三次在花后果前。冬季进入休眠前还要重施越冬肥等。因此，在中药材种植时应根据其营养需求的特点及土壤的供肥能力，确定施肥种类、时间和数量。

施肥原则应以基肥为主，追肥为辅。肥料种类应以有机肥为主，有机肥与化肥配合，在保证合理施肥的原则下，可通过以下措施提高肥效：一是适当灌溉，水能影响植株对矿物质的吸收和利用，还可降低无机肥料烧伤植株的概率。土壤干旱时，施肥效果差，如果水肥配合使用，可明显提高肥效；二是适当深耕：播种前适当深耕，可使土壤容纳更多水分和肥料，还可促进根系发达，增大吸肥面积，因而能提高肥效；三是改善施肥方式：生产中常采用根外施肥、深层施肥等，根外施肥应注意肥料浓度、喷洒时间与方法等。深层施肥是将肥料施于植株根系附近5~10厘米土层中，肥料挥发少、根系利用率高。

55 种植黄芩的土地如何科学施肥？

黄芩种植过程中，不同时期的施肥种类和用量不同，应视具体情况而定。①种肥：为避免肥料烧伤种子，种肥的施用深度以5~6厘米为宜，一般每亩施用腐熟厩肥2000千克左右，然后深耕细耙，平整作畦。②追肥：每年6~7月根据地力和苗情进行追肥，通常每亩施硫酸铵10千克、过磷酸钙20千克。在承德（黄芩主产区之一）地区，适宜在土壤pH约为7.5、土壤有机质为1.206%、土壤全氮为0.060%、土壤速效磷3.5毫克/千克、土壤速效钾 94.2 毫克 / 千克的土壤上种植黄芩，于定苗后和第二年返青后每亩施用尿素 20 千克、磷肥 4.7 千克、硫酸钾 5 千克。施肥方式以开沟施入或撒肥于地表再耕翻覆土，对于土壤水分不足时应结合追肥并适时灌水。

每亩施入农家肥不少于 2000 千克以及复合肥或磷肥 20 千克。根据土壤肥力也可以施入高温灭菌的颗粒鸡粪 100~300 千克。种子生产田，施入硼砂 0.5 千克 / 亩作为底肥。在中等地力条件下，黄芩生长期间每年需追肥 1~2 次。以氮、磷、钾肥配合使用，追肥量以每亩追施氮肥 20 千克、磷肥 5 千克、钾肥 5 千克。在定苗或返青前后结合灌水施用或 6 月中旬旺盛生长期施用。有条件时在抽穗前叶面喷施生物肥或 5% 的磷酸二氢钾 1~2 次。

56 常用灌溉方式和注意事项是什么？

我国传统灌溉均系地面灌溉，包括沟灌、畦灌和淹灌。地面灌溉是使灌溉水在田面流动或蓄存，借助重力渗透或毛细管作用润湿土壤的灌溉方法。此方法技术简单、所需设备少、投资少，是我国目前应用最广泛、最主要的一种传统灌溉方法。

地下灌溉的优点：土壤湿度均匀，温度适宜；能较好地保持土壤结构；减少水分蒸发，节约用水；灌水不影响其他田间作业。

地下灌溉的注意事项：必须依据气候、土壤、植物的生长状况等确定适宜的灌水量和灌溉技术；盐碱地区及漏水地区要注意保水；要注意水温、地温、植物体温、气温尽可能达到一致，即“四温一致”。

57 黄芩如何进行田间灌水？

黄芩在播种出苗期间，务必保持土壤湿润，否则极易造成缺苗现象。出苗后若土壤水分不足，在定苗前后浇一次水。以后不是特别干旱一般不用浇水，以促进扎根。如遇干旱或追肥时土壤水分不足，应适当浇水。同时，黄芩怕涝，雨季要注意及时排除田间积水；在黄芩生长第 2、3 年，每年春季返青时需灌水一次，以后根据旱情适时给水。

58 中药材种植中如何合理使用农药？

中药材种植中合理使用农药的方法包括：按规操作，首先保护好自己；区别害虫，把害虫分类，因虫制宜；幼龄施药、避免药害、减少残毒等，在使用时应注意以下六方面。

（1）不影响药剂的化学性质

两种或两种以上化学农药混合后，各药剂间不会发生化学反应，各种有效成分的化学性质不发生变化。

（2）不破坏药剂的物理性状

混合后不能出现浮油、絮结、沉淀或变色，也不能出现发热、产生气泡等现象。

（3）扩大使用范围

生产上广泛使用的农药大多数具有选择性。将具有不同杀虫、治病功能的化学农药复配混用，其作用机制应互补，以期达到扩大使用范围的目的。

（4）延长农药的持效期

在使用农药时，应将持效期长的与持效期短的复配混合使用，发挥互补作用。

（5）作用于不同虫态、不同病虫害的农药混用

把作用于不同虫态的杀虫剂混用，可以杀灭田间各种虫态的害虫，杀虫彻底，从而提高防治效果。

（6）避免出现药害等副作用

有效成分的化学变化易产生有药害的物质，如石硫合剂与波尔多液混用后会产生有害的硫化铜。

59 什么是农药安全间隔期?

农药安全间隔期是指农产品在最后一次施用农药到收获上市之间的最短时间。在此期间，多数农药的有毒物质会因光合作用等因素，逐渐降解而使农药残留达到安全标准，不再会对人体健康造成危

害；不同品种的农药有不同的安全间隔期。

在农业生产中不允许在安全间隔期内收获作物。各种药剂因其分解、消失的速度不同，加之各种作物的生长趋势和季节不同，在使用农药时一定要看清农药标签表明的农药使用安全间隔期和每季最多用药次数，确保农产品在用药使用安全间隔期过后才采收，不得随意增加施药次数和施药量，以防止农产品中农药残留超标。

60 农药用完后空瓶和包装物应如何处理?

在农村田间地头多见农药废弃包装物。据调查，每亩农作物种植过程中使用的农药空瓶3~8个，铝塑复合材料包装袋8~25个。由于部分村民缺少环保意识，施药后将包装物就地乱扔，对土壤、水源等造成严重污染，农残随着食物链进入各种食品，进一步危及村民的身体健康。

61 中药材种植中严禁使用哪些农药?

禁用农药具有神经毒性、生殖毒性、免疫系统毒性及致畸、致突变、致癌等作用，对人和动物的健康危害较大。不仅影响中药材及其产品的质量和安全性，也影响其在国际市场的竞争力。2019 年 10 月 20 日，中共中央、国务院《关于促进中医药传承创新发展的意见》，提出“严格农药、化肥、植物生长调节剂等使用管理，分区域、分品种完善中药材农药残留、重金属限量标准”。《中国药典》（2020 年版）通则规定 33 种农药在中药材及饮片（植物类）中被禁用。可分为七大类：有机磷类、有机氯类、氨基甲酸酯类、脒类、磺酰脲类、苯基吡唑类及醚类。如甲拌磷、甲基对硫磷、内吸磷、久效磷、甲胺磷、呋喃丹、氰化钠和氰化钾等；高残留农药，如六氯环己烷、滴滴涕和氯丹等；有机汞农药，如赛力散、氯化乙基汞、富民隆等。

62 为什么中药材种植中不能使用剧毒农药、高残留农药？

剧毒农药在中药材种植中禁用的原因是：剧毒农药容易被植株吸收并渗透到根、茎、叶及果皮等组织内，即使风吹雨淋也不易散落消失，往往中药材采收期临近时，有部分农药仍未降解，加工使用后极易造成急性中毒。

高残留农药在中药材种植中禁用的原因是：虽然高残留的农药对人畜的急性毒性并不大，但残留期长，积累性强，在中药材内更不易分解，进入人体后会长期积蓄造成慢性中毒。有机汞农药在中药材种植中禁用的原因是：虽然有机汞农药杀菌力强，防治病害效果好，但其会分解为无机汞，可残留多年，人体吸收后，对神经系统和心脏的损害严重。杀虫脒在中药材种植中禁用的原因是：杀虫脒能诱发小白鼠的多种癌症。

63 黄芩常见病虫害有哪些？

黄芩生长期间主要病害有枯叶病、根腐病、白粉病等，主要的虫害有黄芩舞蛾、造桥虫、苹斑芫菁、地老虎等。

64 叶枯病特点与防治技术有哪些？

叶枯病主要危害叶部，一般 6 月初发病，发病初期，从叶尖或叶缘发生不规则的黑褐色病斑，逐渐向内延伸，由点扩散成片，造成叶片干枯，严重时叶片脱落，植株枯死。高温多雨季节发病严重，初为点片发生，如不及时防治可蔓延至全田。

防治方法：选择地势高、通风好、土壤疏松的地块种植；消灭越冬病原，清除残枝，与禾本科作物轮作，勿重茬。少量发生时，挖除病株烧掉。发病初期，喷施1∶1∶120的波尔多液或喷施50%多菌灵1000倍液或百菌清800倍液。隔7~10天喷药1次，连续喷2~3次。

65 根腐病特点与防治技术有哪些？

根腐病8~9月发病严重。初期个别支根和须根呈现黑褐色病斑，以后逐渐蔓延至主根，引起腐烂，全株枯死。雨季发病较重。

防治方法：注意排水、田间通风透光、中耕除草。土壤消毒，种前10天左右每亩撒施7.5~10千克的硫酸亚铁粉，翻入土中。发病初期可用1%硫酸亚铁溶液进行病穴消毒。雨季注意排水，降低田间湿度，发病初期用50%托布津1000倍液浇灌病株。

66 白粉病特点与防治技术有哪些?

白粉病一般 7 月发生，主要侵染叶片。叶的两面生白色粉状病斑，像撒上一层白粉一样，病斑汇合而布满整个叶片，最后病斑上散生黑色小粒点。田间湿度大时易发病。

防治方法：加强田间管理，注意田间通风透光。发病初期可用 50% 代森铵或 50% 多菌灵 800~1000 倍液或 70% 甲基托布津 800~1000 倍液或 25% 的粉锈宁 500 倍液喷施防治。

67 黄芩的虫害及防治措施

黄芩主要虫害有黄芩舞蛾、造桥虫、苹斑芫菁、地老虎等。

防治方法：黄芩舞蛾用 90% 敌百虫 800 倍液或 40% 乐果乳油 1000 倍液喷雾防治，每 7~10 天 1 次，连续喷 2~3 次；造桥虫用 20% 速灭杀丁 3000 倍液喷施 1~2 次；苹斑芫菁用 3000 倍来福灵或灭扫利溶液喷施；地老虎，危害轻时可于清晨日出前在被害植株处扒开土壤进行人工捕杀，为害重时可

50% 辛硫磷乳油 700 倍液浇灌根系周围土壤，成虫发生时于夜间采用灯火诱杀。为确保不造成农药残留，在黄芩采收前 40 天应停止使用任何农药。

68 黄芩无公害防治技术有哪些？

选用抗病良种：选择适合当地生产的高产、抗病虫害、抗逆性强的优良品种，少施药或不施药。这是防病增产，提高经济效益的最有效方法。

农业防治：①注意基地的选择：选择地势高、干燥、排水良好的地块育苗或种植，是减轻根腐病、根结线虫病的重要措施；②加强田间管理：增施磷、钾肥，提高抗病性；施用充分腐熟的厩肥，减少菌源；幼苗出土后在不影响生长的情况下，应尽量少浇水，以减轻发病；生长期应及时疏沟排水，降低田间湿度，同时防止土壤板结，以增强植株抗病能力；生长期经常检查，发现病株应立即带土挖除，并在周围 1 米的范围内进行，或者以新的净土替换受病菌污染的土壤，日常管理注意清洁田园；③实行轮作：一般与禾本科作物轮种 3~5 年以上，切忌与易感病的药材或其他作物轮作。

物理防治：在根部病害发生较重的地块，可运用日光消毒技术。方法：①太阳晒白消毒技术（不加任何材料进行的日光消毒）：夏季7~8月间，将地块翻犁，利用夏天太阳辐射强进行消毒，晒3~5天后，重新再翻犁晒3~5天，然后整畦种植；②太阳能淹水法消毒：在7~8月高温休闲季节，将土壤或苗床土翻耕后浇水覆盖地膜20多天，利用太阳能晒土高温杀菌的方法灭菌。

化学防治：严禁在中药材种植中使用剧毒、高残留的农药，科学用药，选用高效、低残留的农药；严格控制农药的用药次数、用药浓度以及注意用药安全间隔期。

此外，还可利用灯光、颜色诱杀、人工捕捉害虫等物理措施，利用生物多样性、释放天敌等生态措施，将有害生物危害控制在合理经济阈值以内。

69 适合黄芩种植的生物农药有哪些?

生物农药是指利用生物活体（真菌、细菌、昆虫病毒、转基因生物和天敌等）或其代谢产物（信息素、生长素、萘乙酸和2,4–二氯苯氧乙酸等）

对农业有害生物进行杀灭或抑制的制剂。如黄芩被菟丝缠绕时，可以用生物农药盘长孢菌“鲁保 1 号”喷雾。如利用放线菌制成的微生物菌剂瑞拉菌素发酵液浸种可促进黄芩种子萌发和幼苗的生长。采用生物药剂哈茨木霉菌可进行黄芩立枯病的防治，或者使用 300 倍液苏云金杆菌进行甜菜夜蛾和小叶蛾等虫害的防治等。

70 如何认识植物源农药的研究和利用？

植物源农药，又称植物性农药，是利用植物资源开发的农药。包括从植物中提取的活性成分、植物本身和按活性结构合成的化合物及衍生物。种类繁多的植物次生代谢产物是潜在的化学因素，正是这些次生代谢产物抵御了多数害虫的侵扰。目前已发现的对昆虫生长有抑制、干扰作用的植物次生物质大约有 1100 余种，这些物质不同程度地对昆虫表现出拒食、驱避、抑制生长发育及直接毒杀作用。如低浓度小麦秸秆水浸液对黄芩幼苗具有促进作用；麻黄油、细辛油对黄芩根腐病主要致病菌有较强的抑制作用。

71 黄芩种植如何营造防火林带？

黄芩大面积种植时要注意防火。生物防火林带是一种以森林植物（乔、灌、草等植物）之间的抗火性与耐火性的差异，以含水量较高的森林植物组成防火隔离带来阻隔林火，可以在不同层次上防止火灾的蔓延和扩展，阻止易燃植物的燃烧。开展生物与生物工程防火，利于维护森林生态平衡，利于防治林业有害生物，保持水土，涵养水源，改良土壤等。如黄芩防火林带的规格应该大于 80 厘米。防火林道的宽度应大于 4 米，为达到较好的防火效果，可以适当加宽至 5~8 米。防火沟位于防火林道两侧，兼顾排水及防火功效，在腐殖质层或泥炭层厚且容易发生地下火的林内，沟深应达到腐殖质层或泥炭层的底层以下 0.2~0.5 米，沟底宽度 0.3~0.5 米，顶（沟面）宽度应大于 0.5 米。

第六章

黄芩采收及产后初加工

72 黄芩为什么要适时采收？

我国中药材野生资源丰富，但也并非取之不尽，用之不竭。中药材要科学采收、适度采收，就是要保障其应有的药性。研究表明，中药材的采收期直接影响着药材产量和质量。古代本草就有“药物采收不知时节，不知阴干曝干，虽有药名，终无药实，不以时采收，与朽木无殊”的论述。

黄芩的生长过程中根由细变粗、由实心变枯心，随着年份增加，其生长速度减慢、黄芩苷等有效成分的含量降低，因此只有适时采收，才能最大限度地保留黄芩药材优良品质。

73 黄芩适宜的采收时间如何确定？

确定黄芩适宜的采收时期非常关键，应当掌握其生长规律，适时采收。黄芩适宜的采收时期需根据黄芩根系的生长情况确定，适时采收黄芩不仅能保证其最佳品质，还能够获得较高的经济效益。

黄芩属于多年生草本植物，随着年份增加，黄芩的根长度、粗细及单根鲜重都是逐年递增的。同时，相同生长年限的黄芩，在不同月份的黄芩苷等活性成分的含量累积方面，存在明显差异。研究表明：生长 1 年的黄芩，由于根细、产量低，有效成分含量也较低，不宜采收。温暖地区以生长 1.5~2 年，寒凉地区以生长 2.5~3 年采收为宜。其中，人工栽培黄芩生长在 3 年以上产量达高峰期，有效成分含量的高峰期出现在当年 9 月左右。

74 黄芩常用的采收方法有哪些?

黄芩采收分人工和机械两种方法。人工多用镐刨或铁锹挖，机械采收多用犁挑或专用收获机械。采收时应尽量深刨细挖，避免主根过度伤断，影响后续的黄芩产地加工，最终降低产量和品质。

75 采收中药材时如何兼顾中药资源的保护?

中药材资源绝不可滥采乱伐，需要有计划地合理采收。

（1）合理采药

采收时要做到有计划采收，用多少，采多少；用什么，采什么。采收根及根茎类中药材应注意挖大留小或有意留一些，任其开花结果以利于繁殖；采收花类、果实或种子类中药材时也要如此，以防绝种；采收皮类中药材时，尽可能纵剥，以利于再长树皮；采收叶类中药材时，在一棵植株上不可采得过多，应留一部分以利于植株继续生长。

（2）充分利用中药材资源

同一植物或动物有不同部位同时入药的，要分别采收，物尽其用，如栝楼的根、果实、种子均可入药，则应在果实成熟时先采果实，再挖其根。总之，采收药材时要本着资源可持续利用的原则，尤其对野生资源要加强保护意识，根据需要有计划地合理采收。

76 黄芩产地初加工去皮过程有什么要求？

为提高黄芩药材质量且规范化的产地加工方法，黄芩药材在产地初加工过程主要是去皮，具体操作如下：黄芩刨出后，及时去掉茎叶，抖净泥土，运至晒场晾晒加工。晾晒加工时，先将黄芩主根按大、中、小分开，选择向阳、通风、高燥处晾晒。晒至半干时，每隔 3~5 天，用铁丝筛、竹筛、竹筐或撞皮机撞一遍老皮，连撞 2~3 遍，至黄芩主根表面光滑、外皮黄白色或黄色时为宜。

目前，产地主要采用机械滚筒式撞皮机，其撞皮速度快，质量好，具体方法是将采挖的鲜药材晒至九成干时进行撞皮，每分钟 21~24 转，时间为 15 分钟，撞一次后，黄芩的皮基本去除干净，然后继续晒干即可。晾晒过程中应避免水洗或雨淋，否则根变绿变黑，影响药材品质。

77 黄芩切制过程中有什么注意事项?

黄芩的切制过程主要分为四步：①将合格后的原料药材净选，去除杂质及非药用部位，特别是去除受潮变黑绿色的部分；②大小分档，在沸水中煮制 10 分钟或蒸制 30 分钟。黄芩加热软化是切制的关键工序，要严格按照炮制规范的时间和要求操作，既要杀酶保苷，又要防止“伤水”而使有效成分流失过多；③闷透后，切薄片，干燥（注意避免暴晒）；④筛去直径不足 0.4 厘米的小片和碎渣后，包装。

78 黄芩加工过程中为什么会变绿?

黄芩采收后应立即加工处理，否则容易发绿而影响药材品质。鲜黄芩在适宜的条件下，植物体内的内源活性酶将黄芩苷水解成黄芩素，进一步转化为汉黄芩素，呈鲜绿色，也就是我们常说的绿芩，导致黄芩苷含量明显降低。

79 黄芩的干燥方法有哪些?

产地干燥是药材产地加工过程中的重要环节。除少数需要鲜用的植物、动物和矿物类中药材外，中药材均需经过一定的技术方法干燥加工，促使中药材的内在化学物质进一步发生生物转化，形成中药材的药性和品质。不同干燥方法会对中药材内在品质或外观性状产生明显差异。黄芩主要的干燥方法有晒干、烘干、热风干燥法、微波干燥法等多种方法。

晒干法：利用太阳光的能量直接照射，将药用部位中的水分转移出来，至达到干燥的程度。在此过程中尚可利用紫外线杀灭附着或残存的虫卵、霉菌等微生物菌群。

烘干法：中药材产地因地制宜地采用火炕、火墙或直接燃烧农作物秸秆、树枝、薪柴等提供热量，加速中药材内部水分转移释放，达到快速干燥的目的。

热风干燥法：即在烘箱或烘干室内吹入热风，使中药材内部的水分被加热而逸出，并被流动的热风带走，以打破湿热空气平衡。以电或蒸气作为热源，中药材热风干燥常用的设备有厢式干燥机、网带式干燥机、洞道式干燥机和振动流化床干燥机等。具有成本较低，耗时少，效率高，不受天气限制，还可起到杀虫防霉等优点。

微波干燥法：是利用高频电磁波产生的感应加热和介质加热，实现了中药材中的水和脂肪等不同程度地吸收微波能量，并将其转变为热能，使中药材产热达到干燥与物理灭菌的目的。具有以下特点：①热穿透力强，干燥速度快；②加热均匀；③对中药材品质影响小；④热效率高；⑤工业化、自动化程度高。

80 黄芩如何采种留种？

黄芩不管是用种子繁殖或分根繁殖，当年均可开花结实，但以生长 2~3 年的植株所产种子质量最佳，且产量在 10~20 千克 / 亩。

黄芩一般 6 月下旬开始开花，花期长达 3 个月，8 月种子开始成熟，但成熟期很不一致，故应分期、分批采收。采收时可用手捋，也可将整个果序剪下后晾干或晒干、脱粒、清选、种子置布袋中于阴凉、干燥处储藏。

81 黄芩半野生栽培应抓好哪些技术?

黄芩半野生栽培是指利用退耕还林地的果林幼树行间和荒坡梯田等非耕地，经过常规的整地，选择雨季套播和宽带撒播、宽幅条播及增加播种量等播种技术，简化田间管理和科学的采收，以最大程度的减少用工、用肥、用药，有效地控制杂草和病虫害发生的栽培技术，生产出的药材质量与野生黄芩相接近。

黄芩半野生栽培应主要抓好如下关键技术环节：①选择向阳、排水、渗水好的地块；②施足有机肥做底肥；③秋翻精细整地；④因地制宜地做好播前种子处理；⑤雨季宽带增量精细播种；⑥简化除草、疏苗、追肥等田间管理；⑦预防为主，酌情防治病虫害；⑧生长3年左右收获，科学地加工晾晒。

82 不同黄芩部位的苷类成分含量变化？

黄芩主要药效成分有黄芩苷、汉黄芩苷、野黄芩苷等黄酮类成分，不同成分具有明显的药效区别，如黄芩苷具有抗菌、抗病毒、抗氧化等作用，野黄芩苷具有扩张血管、减少血小板计数和抑制血小板凝聚等作用。

通过高效液相色谱法（HPLC）测定承德产黄芩植株不同部位的黄芩苷和野黄芩苷含量结果显示，黄芩苷、汉黄芩苷多存在于黄芩地下根部；而野黄芩苷主要分布于地上部分，其也具有很大的药用价值，因此，需提高黄芩综合开发利用价值，避免资源浪费。

83 黄芩地上部分化学成分有哪些？

黄芩地上部分的化学成分主要包括挥发油类、黄酮类和二萜类等化学成分。①挥发油类成分：黄芩中挥发油类成分较多，包括烯丙醇、苯乙酮、石竹烯、香叶烯 D、α– 葎草烯、γ– 榄香烯、1– 乙烯基 –1– 甲基 –2–（1– 甲基乙烯基），4–（1– 甲基亚乙基)–环己烷等数十种成分；②黄酮类成分：包括野黄芩苷、黄芩苷、白杨素–7–*O*–*β*–D–葡萄糖醛酸苷、芹菜素苷、红花素、5,6,7–三羟基–4′–甲氧基黄酮、异黄酮等；③二萜类成分：采用GC–MS法检测出二萜类化合物共100余个，如Scuterepenin H、Scutorientalin B、Scutalpin B等。

84 生长年限与黄芩质量的关系？

黄芩为直根系植物，8月中旬前以地上生长为主，8月下旬至9月上旬为由地上生长为主转入以地下生长为主的过渡时期，9月上旬以后转入以地下根系生长为主，主根在前三年生长正常。其主根长度、粗度、鲜重和干重均逐年增加，主根中黄芩苷的含量较高。第四年以后，生长速度开始变慢，部分主根开始出现枯心，以后逐年加重，8年生的家种黄芩几乎所有主根及较粗的侧根全部枯心，而且黄芩苷的含量也出现降低。

85 市售黄芩商品规格种类有哪些？

根据国家中医药管理局、国家药品监督管理局制定的药材商品规格标准，黄芩商品规格分为条芩和枯碎芩两个品别。

（1）条芩分级

一级：干货。呈圆锥形，上部比较粗糙，有明显的网纹及扭曲的纵皱，下部皮细有顺纹或皱纹，表面黄色或黄棕色，质坚、脆，断面深黄色，上端中央间有黄绿色或棕褐色的枯心，气微，味苦。条长10厘米以上，中部直径1厘米以上，去净粗皮，无杂质、虫蛀和霉变。

二级：干货。呈圆锥形，上部皮较粗糙，有明显的网纹及扭曲的纵皱，下部皮细有顺纹或皱纹，表面黄色或黄棕色，质坚、脆，断面深黄色，上端中央间有黄绿色或棕褐色的枯心，气微，味苦。条长4厘米以上，中部直径1厘米以下，但不小于0.4厘米，去净粗皮，无杂质、虫蛀和霉变。

（2）枯碎芩

统货：干货。即老根多中空的枯芩和块片碎芩及破碎尾芩。表面黄色或浅黄色，质坚、脆，断面黄色，气微，味苦，无粗皮，茎芦、碎渣、杂质、虫蛀、霉变。

86 在采收与初加工中为保证药材质量应注意哪些问题?

①采收机械、器具应保持清洁、无污染，存放在无虫鼠害和禽畜的干燥场所；②采收及初加工过程中应尽可能去除非药用部分及杂物，特别是杂草及有毒物质，剔除破损、腐烂变质的部分；③药用部分采收后，经过拣选、清洗、切制或修整等适宜的加工，如需干燥的药材，应控制温度和湿度，采用适宜的方法和技术迅速干燥，使中药材有效成分不被破坏；④鲜用药材可采用冷藏、沙藏、罐贮、生物保鲜等适宜的保鲜方法，尽可能不使用保鲜剂和防腐剂，如必须使用时，应符合国家对食品添加剂的有关规定；⑤道地药材应按传统方法进行加工，如有改动，应提供充分试验数据，不得影响药材质量。

87 产地初加工对场地有什么要求?

产地初加工场地应就地设置，周围环境应宽敞、洁净、通风良好，并应设置工作棚（防晒、防雨）及除湿设备，并应有防鸟、鼠、虫的设施等。

第七章

包装、运输和贮藏

88 中药材有效包装的目的是什么？

保证中药材质量的安全，防止环境因素（温度、湿度、空气、光照）和生物因素（鼠害、虫害、霉菌）的影响。有利于贮藏、运输，减少运输损耗。保证数量的完整，便于计数、计量。促进中药材的销售，良好的包装增加了对质量的信任。增加商品附加值，发挥品牌效应，体现加工和包装价值，以及有产地标志的外包装的重要性。提高中药材的使用价值，不同规格的合理包装能够按需拆包，方便取用。

89 对中药材的包装材料、包装方法和包装标识有什么要求？

中药材包装材料应当符合国家相关标准和中药材特点，禁止使用包装过化肥、农药等二次利用的包装袋。毒性、麻醉类中药材需特殊管理，并使用有专门标记的特殊包装。中药材的包装方法应当不影响中药材质量，鼓励采用现代包装方法、工具。中药材包装袋上应当有清晰标识，不易脱落或损坏；标示内容包括品名、批号、规格、产地、数量或重量、采收时间、生产单位等信息。

90 黄芩包装有哪些注意事项？

黄芩作为一种对疾病有预防或治疗作用的特殊商品，良好的包装可以有效延长产品保质期，控制或不带来二次污染；保持原有成分和药效；增加外观美感；贮藏、搬运方便、安全。

黄芩包装材料主要以麻袋、编织袋、箱和压缩打包件四种形式为主。在选用包装形式时，应按照黄芩是个子货还是饮片选择相适应的包装。在包装前应按照现行版《中国药典》的要求检查黄芩药材是否符合要求，包括是否含有非入药部位、水分是否达标、规格等级等。

91 黄芩的运输和临时存放点有哪些注意事项?

黄芩采收后运输到临时存放点或加工后产品运输到交易地点时，装载日期和运输工具应当整洁，不应与其他有毒、有害、易串味物品混装。同时，运输车辆应相对固定，便于清洗、消毒，减少对黄芩的污染。

运输过程中还需注意：①装车前必须检查中药的名称、规格、单位、数量是否与随货同行发票相符；②装车前还必须按发运单核对发运标志和商品标志有无错漏，运输标志选用是否正确；③中药装卸搬运应根据中药性能、包装情况进行操作，怕撞击、重压商品装卸时必须注意轻拿轻放；④中药在运输过程中或堆放站台时必须防止日晒雨淋，以免中药受潮湿、光、热的影响而变质。

92 黄芩的仓贮场所有哪些要求?

黄芩中药材仓贮场所应采用无毒、环保的建筑材料，库房地面平整、耐磨、耐冲击、不起砂。建造仓库要达到以下要求：①仓库的地板和墙壁应是隔热、防湿的，以保持室内干燥，减少库内温度变化；②仓库通风性能良好，可散发中药材自身产生的热量，保持库内干燥；③仓库密闭性好，避免空气流通而影响库内的温湿度，同时对防治害虫也有重要作用；④建筑材料能抵抗仓贮害虫、老鼠的侵害；⑤避免阳光照射。

93 黄芩贮藏中如何管理？

为避免和减少黄芩在贮藏保管过程中的变质现象的发生，根据黄芩的自身特点和产生变质的因素，应采取行之有效的防治措施。黄芩药材的贮藏保管过程中一定做好以下三方面的工作。

（1）含水量控制

中药材贮藏过程中若不严格控制水分，容易发生霉烂变质，造成损失，因此控制水分是药材贮藏的关键。

（2）虫害控制

在仓库满足通风、干燥等基本条件下，如人为调整空气组成，造成一个低氧的环境，从而达到抑制害虫和微生物的生长繁殖的目的。

（3）定期检查

安排好专人十天或半月检查一次库房，看药材是否发热、发霉、走油、虫蛀等，一旦发现及时处理。

94 黄芩的贮藏条件与药材质量的关系如何？

中药由于品种多、体积大、规格又复杂。如保管不当，会出现霉变、虫蛀、失性变色等现象而影响质量，甚至可完全失效。因此，从中药的入库到库养的每个环节都要实行制度化管理。

中药材质量的变化源于其自身的化学成分变化，主要是活性成分随着贮藏时间的延长，其含量呈现不断降低的趋势。黄芩自身的化学成分多且复杂，采收后及贮藏初期的黄芩内在化学成分才基本趋于稳定。但随着贮藏时间延长，黄芩中化学成分会慢慢被氧化或外流，使其达不到预估功效，因此一般认为黄芩的商品保质期在三年左右。

第八章

质量管理

95 中药材生产质量现状如何?

长期以来，中药材生产以分散、粗放的小农经济模式为主，无法保证药材质量的稳定。由于某些药材品种的供不应求，盲目引种或扩大中药材栽培，或是种植品种未能准确鉴定、优选，种源混杂，良莠不齐，致使质量下降；或是一味追求高产量，滥施化肥、农药，致使品种变异，品质下降以及重金属残留、农药残留、微生物超标等问题也相当严重。诸如此类问题造成中药材、中药饮片市场情况依然不容乐观，大量伪劣药材或饮片在“利益驱动”下在市场上流通。常常因无确切产地、生产单位、批号、年限等背景，致使无法追踪源头，也就无法按《药品管理法》实施监管，保证中药饮片、中成药的质量和人民用药的安全与有效。

96 黄芩药材的鉴别特征有哪些？

性状鉴定：本品呈圆锥形，扭曲，长8~25厘米，直径1~3厘米。表面棕黄色或深黄色，有稀疏的疣状细根痕，上部较粗糙，有扭曲的纵皱或不规则的网纹，下部有顺纹和细皱纹。质硬而脆，易折断，断面黄色，中心红棕色；老根中心呈枯朽状或中空，暗棕色或棕黑色。气微，味苦。

显微鉴定：本品粉末黄色。韧皮纤维单个散在或数个成束，梭形，长60~250微米，直径9~33微米，壁厚，孔沟细。石细胞类圆形、类方形或长方形，壁较厚或甚厚。木栓细胞棕黄色，多角形。网纹导管多见，直径24~72微米。木纤维多碎断，直径约12微米，有稀疏斜纹孔。淀粉粒甚多，单粒类球形，直径2~10微米，脐点明显，复粒由2~3分粒组成。

97 黄芩质量检测方法？

照高效液相色谱法［《中国药典》（2020年版）通则0512］测定。

色谱条件与系统适用性试验：以十八烷基硅烷键合硅胶为填充剂；以甲醇－水－磷酸（47∶53∶0.2）为流动相；检测波长为280纳米。理论板数按黄芩苷峰计算应不低于2500。

对照品溶液的制备：取在60℃减压干燥4小时的黄芩苷对照品适量，精密称定，加甲醇制成每1毫升含60微克的溶液，即得。

供试品溶液的制备：取本品中粉约0.3克，精密称定，加70%乙醇40毫升，加热回流3小时，放冷，滤过，滤液置100毫升量瓶中，用少量70%乙醇分次洗涤容器和残渣，洗液滤入同一量瓶中，加70%乙醇至刻度，摇匀。精密量取1毫升，置10毫升量瓶中，加甲醇至刻度，摇匀，即得。

测定法：分别精密吸取对照品溶液与供试品溶液各10微升，注入液相色谱仪，测定，即得。

本品按干燥品计算，含黄芩苷（$C_{21}H_{18}O_{11}$）不得少于9.0%。

98 不同种质资源（种内变异）与中药材质量间存在什么关系？

狭义的“种质资源”通常指某一具体物种而言的，包括栽培品种（类型）、野生种、近缘野生种和特殊遗传材料在内的所有可利用的遗传材料。由于不同种质在基因和染色体水平上的丰富变异，必然导致不同种质在形态结构、生长发育、生理代谢等多个层次上产生丰富的变异，这些变异直接或间接作用于药材质量的形成，进而形成不同种质的质量差异。因此，应加强建立药材种质资源收集、保存、鉴定等技术规范。

99 如何做好药材质量检测和管理？

药品质量管理问题必须从源头抓起，对中药材生产基地的选定、品种栽培技术、采收与加工、质量标准制定、药材集散地、贸易市场等各环节，都需要加入管理科学化、生产技术现代化的理念。自新的《药品管理法》实施以来，国家药品监督管理局对药品生产、经营企业加大了管理力度，并相继实行 GMP 认证、GSP 认证制度等管理办法，加强了我国医药生产、经营等流通秩序的管理。按要求生产企业应设有质量管理部门，负责中药材生产全过程的监督管理和质量监控，并应配备与药材生产规模、品种检验要求相适应的人员、场所、仪器和设备。

质量检验部门应对每批药材，按国家标准或经审核批准的中药材标准进行检验。检验项目应包括药材性状与鉴别、杂质、水分、灰分与酸不溶性灰分、浸出物、指标性成分或有效成分含量、农药残留量、重金属及微生物限度等，均应符合国家标准和有关规定。检验报告应由检验人员、质量检验部门负责人签章，检验报告应存档。不合格的中药材不得出厂和销售。

100 中药材质量追溯体系对中药材质量管理的重要性？

中药材质量追溯体系是通过对中药材种植和养殖企业、中药材经营户和经营企业、中药材专业市场、中药饮片生产企业和中成药生产企业、中药饮片经营企业、医疗机构及零售药店等环节的关键信息进行电子化登记、管理和查询，建成中药材来源可追溯、去向可查证、责任可追究的中药材流通追溯链条。进而提高中药材生产经营主体安全责任意识，强化流通环节质量安全把关能力，促进中药材流通行业结构调整和流通发展方式转变，引导中药材流通企业开展集约化、规模化经营，提升中药材行业集中度和流通现代化水平。中药材质量追溯系统的应用对促进我国中药材、中医药行业的完善起到了监督、管理、督促的作用，保证中药材行业健全，完善的发展下去。

参考文献

［1］国家药典委员会．中华人民共和国药典一部［M］．北京：中国医药科技出版社，2020．

［2］夏至，冯翠元，高致明，等．黄芩及其同属近缘种的DNA条形码鉴定研究［J］．中草药，2014，45（1）：107–112．

［3］周国富，刘金欣，李晓娟，等．黄芩生态适宜性评价及生态因子对5种主要指标性成分的影响［J］．中国实验方剂学杂志，2016，22（20）：28–32．

［4］谷婧，黄玮，张文生．黄芩野生与栽培资源分布调查研究［J］．中国中医药信息杂志，2013，20（12）：42–45．

［5］李耀发，孙秀华，苏宗然，等．热河黄芩根腐病发生特点及生防菌剂田间防效评价［C］．病虫防护与生物安全——中国植物保护学会2021年学术年会论文集，2021：115．

［6］叶士松．热河黄芩栽培管理技术［J］．农业开发与装备，2019（5）：191．

［7］袁媛，周骏辉，黄璐琦．黄芩道地性形成“逆境效应”的实验验证与展望［J］．中国中药杂志，2016，

41(1): 139–143.

[8] 赵立新. 承德市中药材播种及间作套种高效种植技术[J]. 农业开发与装备, 2017(6): 169.

[9] 牛杰，王鑫，唐玉东. 道地（热河）黄芩良种繁育技术[J]. 种子, 2011, 30(4): 118–119.

[10] 李艳荣，潘海峰. 热河黄芩中4种黄酮的测定及其黄酮类成分的指纹图谱研究[J]. 华西药学杂志, 2010, 25(4): 467–469.

[11] 郑司浩，赵莎，曾燕，等. 中药材品种与产地鉴别研究现状与思考[J]. 中国现代中药, 2021, 23(12): 2037–2045.

[12] 管青霞，尤艳蓉，张文辉，等. 黄芩高垄全程机械化精量直播栽培技术[J]. 甘肃农业科技, 2021, 52(2): 93–94.

[13] 及华，张海新，李运朝，等. 河北省道地中药材——黄芩[J]. 现代农村科技, 2019(10): 104–105.

[14] 林小艳，张双定. 中药材黄芩种苗培育技术规程[J]. 甘肃农业科技, 2017(7): 88–90.

[15] 赵军. 中药材黄芩对幽门螺杆菌体外抗菌活性的作用分析[J]. 中国现代药物应用, 2017, 11(8): 195–196.

附图

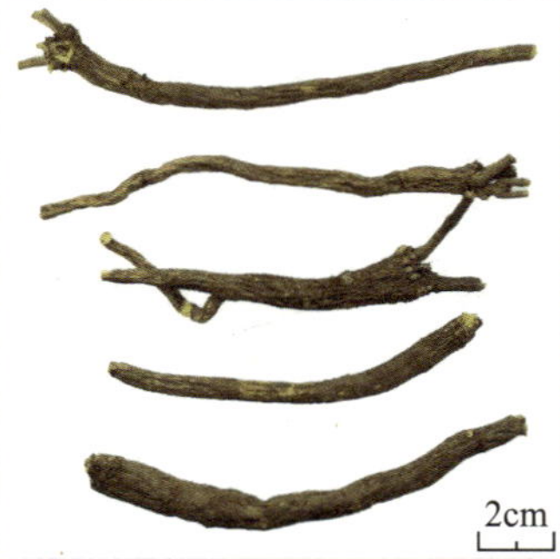

枯芩（个子货）

枯芩（片）

条芩（个子货）

条芩（片）

黄芩根

黄芩鲜根切片

黄芩幼苗

黄芩花

黄芩花

成熟期黄芩

栽培黄芩

野生黄芩